小小夢想家
貼紙遊戲書
時裝設計師和髮型師

新雅文化事業有限公司
www.sunya.com.hk

小小夢想家貼紙遊戲書

時裝設計師和髮型師

編　　寫：新雅編輯室
封面插圖：麻生圭、徐嘉裕
內文插圖：陳焯嘉、徐嘉裕
責任編輯：劉慧燕、王一帆
美術設計：李成宇
出　　版：新雅文化事業有限公司
香港英皇道 499 號北角工業大廈 18 樓
電話：(852) 2138 7998
傳真：(852) 2597 4003
網址：http://www.sunya.com.hk
電郵：marketing@sunya.com.hk
發　　行：香港聯合書刊物流有限公司
香港荃灣德士古道 220-248 號荃灣工業中心 16 樓
電話：(852) 2150 2100
傳真：(852) 2407 3062
電郵：info@suplogistics.com.hk
印　　刷：中華商務彩色印刷有限公司
香港新界大埔汀麗路 36 號
版　　次：二〇二四年二月初版

ISBN: 978-962-08-8299-9

18/F, North Point Industrial Building, 499 King's Road, Hong Kong
Published in Hong Kong SAR, China
Printed in China

小小夢想家，你好！我是時裝設計師。你想知道我的工作是怎樣的嗎？請你玩玩後面的小遊戲，便會知道了。

時裝設計師小檔案

工作地點：設計工作室

主要職責：設計時裝

性格特點：善於繪畫，富有創意

髮型師小檔案

工作地點：理髮店

主要職責：設計髮型

性格特點：具有潮流觸覺，熟悉護髮知識

小小夢想家，你好！我是髮型師。你想知道我的工作是怎樣的嗎？請你玩玩後面的小遊戲，便會知道了。

時裝設計師上班了

時裝設計師準備在工作室開始一天的工作。請從貼紙頁中選出貼紙貼在下面適當位置。

除了工作室外，有些設計師會在家裏工作呢！

縫製衣服的工具

做得好！

時裝設計師要懂得縫製衣服，他們需要使用什麼工具呢？請在 ☐ 內加 ✓。

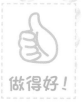

1

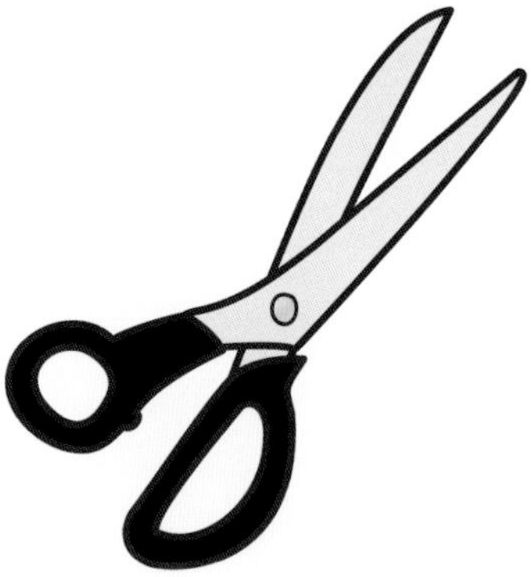

2

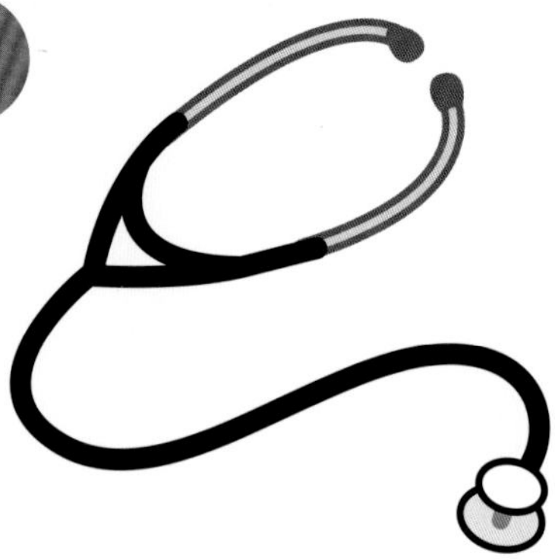

3

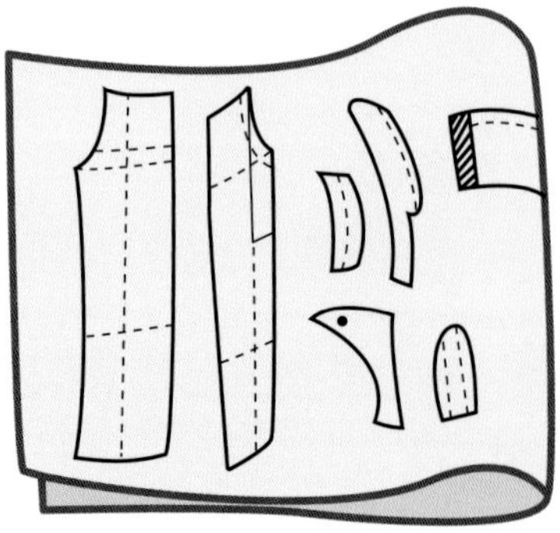

4

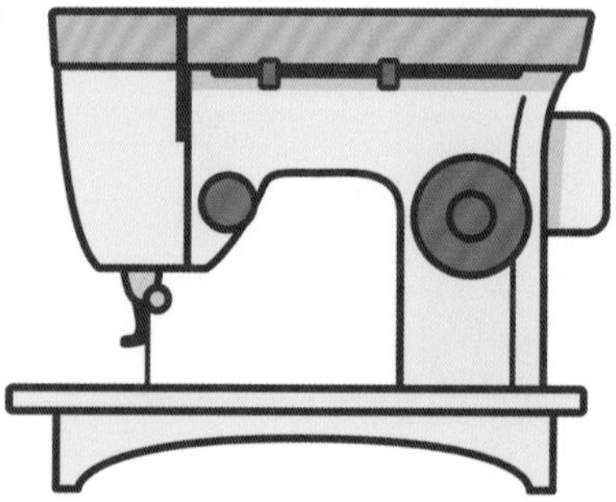

5

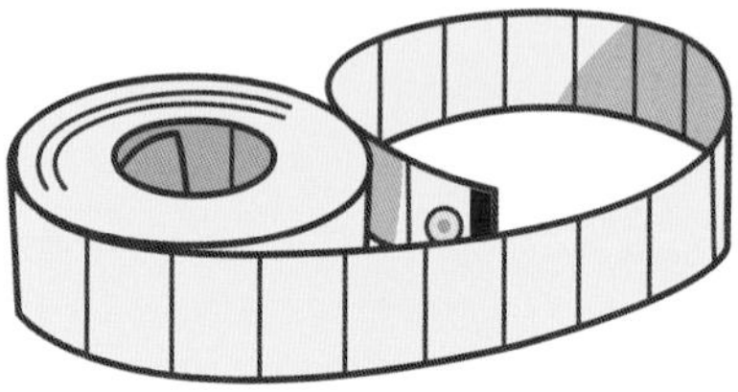

6

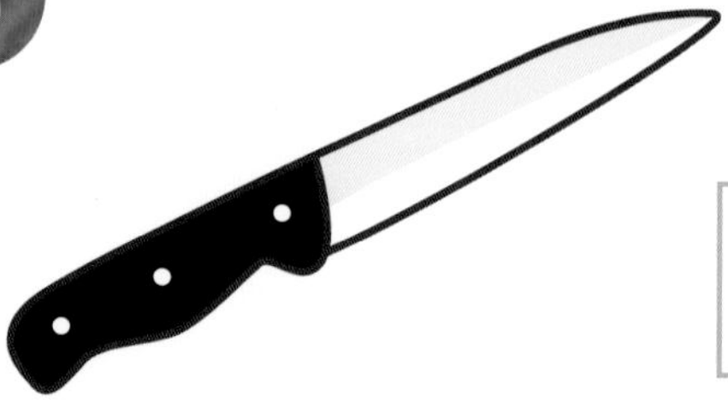

7

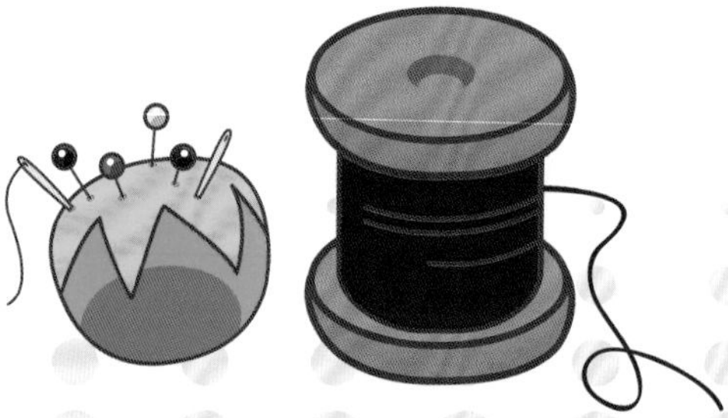

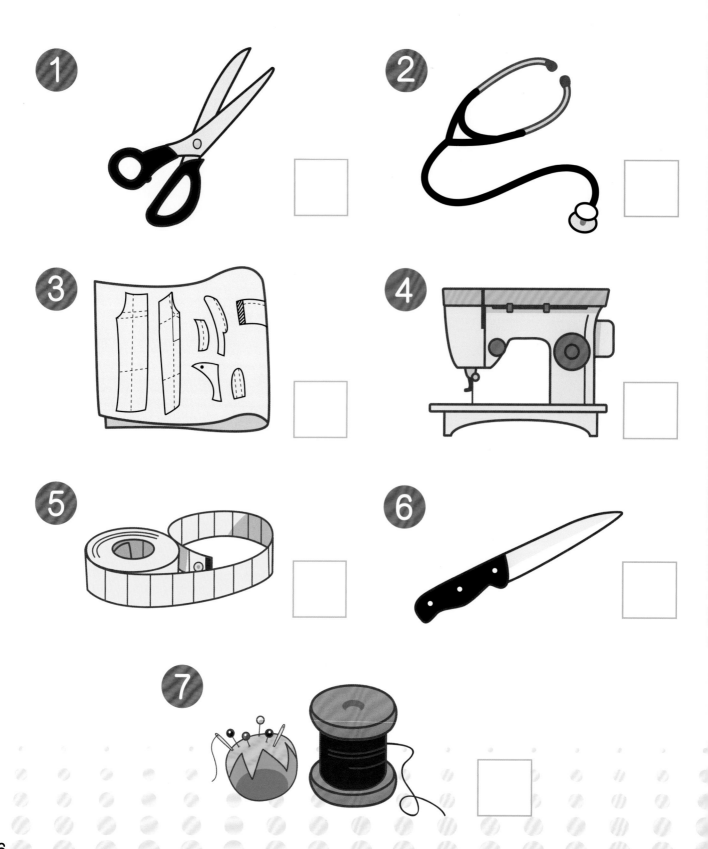

設計圖案

時裝設計師想設計一些圖案用在新的衣服系列上。請你跟着左邊的示範圖，在右邊空白的方格中貼上相應的貼紙，組成相同的圖案吧！

1.

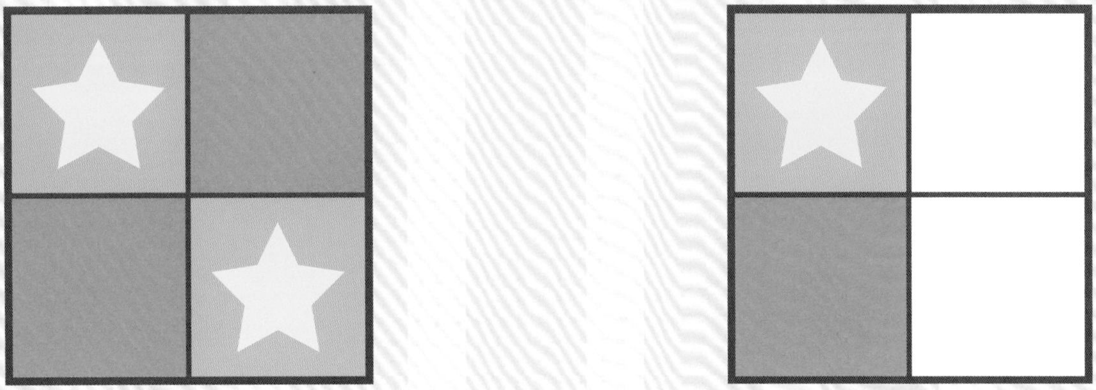

2.

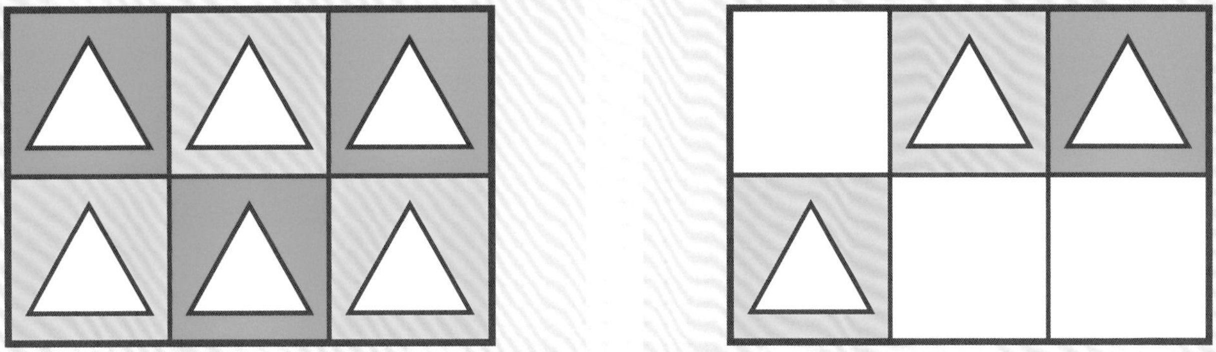

3.

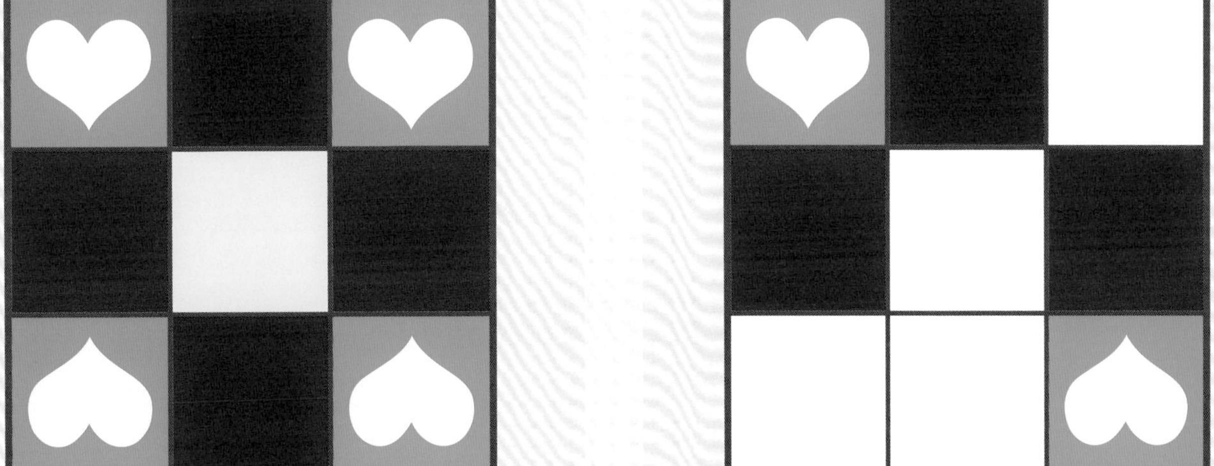

布料的顏色

做衣服的布料要進行染色。下面這些顏色混合在一起會變成什麼顏色呢？請用顏色筆在內填上正確的顏色。

1.

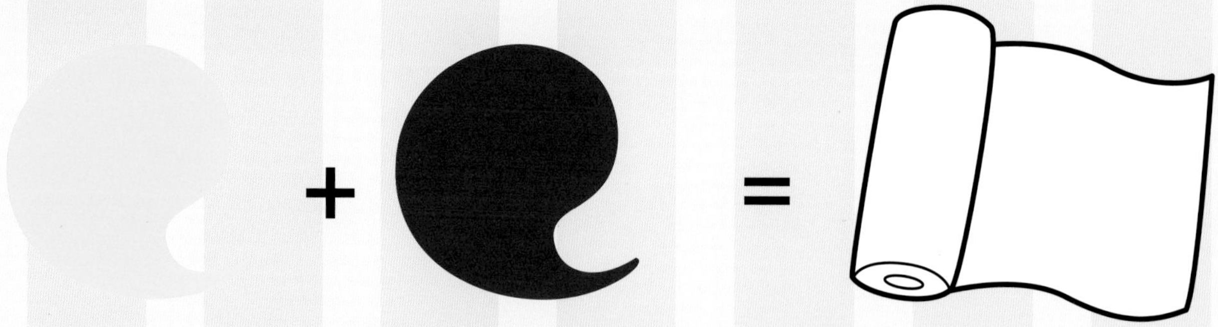

2.

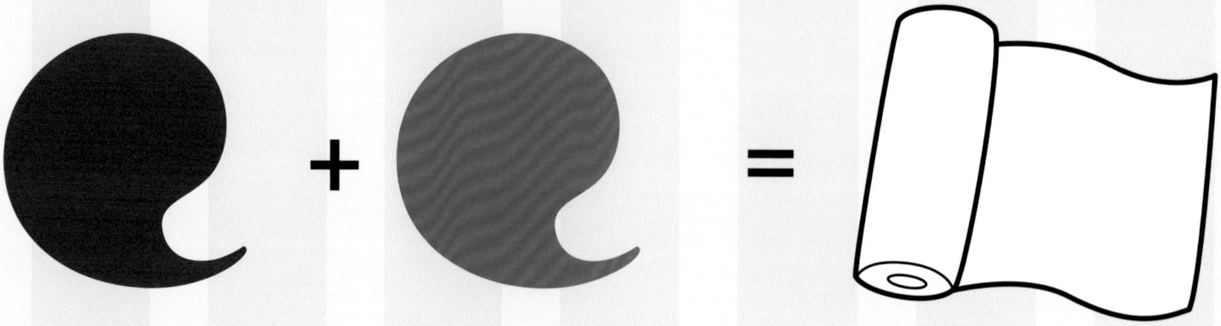

3.

你可以試試用木顏色筆把兩種顏色輕輕地重疊塗在一起，找出答案啊！

縫製衣服

小朋友，時裝設計師要使用縫紉機縫製衣服。請你根據下面的指示連線，看看她縫製出什麼衣服吧！

1 請按數字 1-30 順序連線。

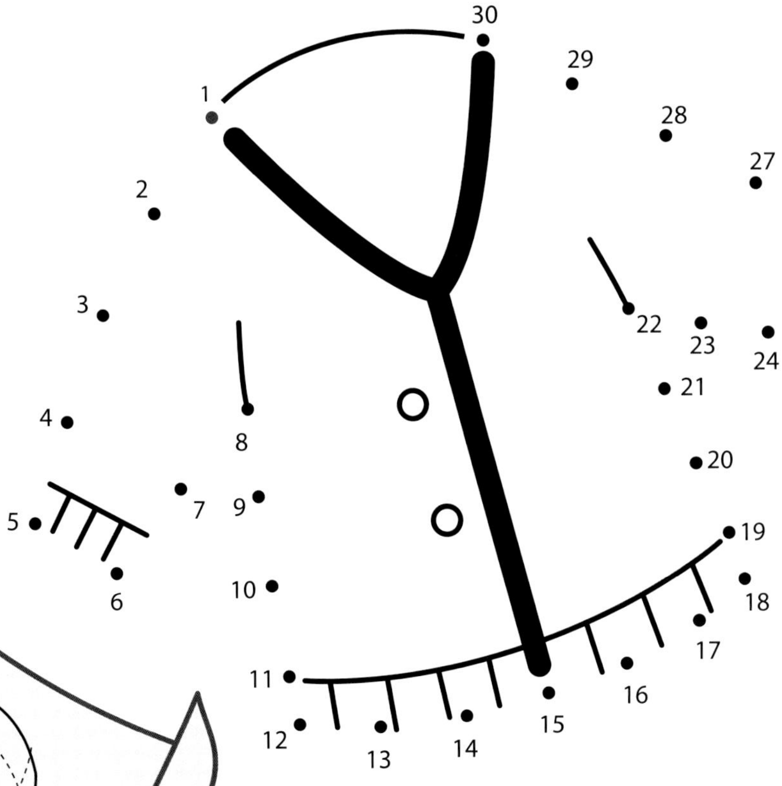

2 請按英文字母 A-Z 順序連線。

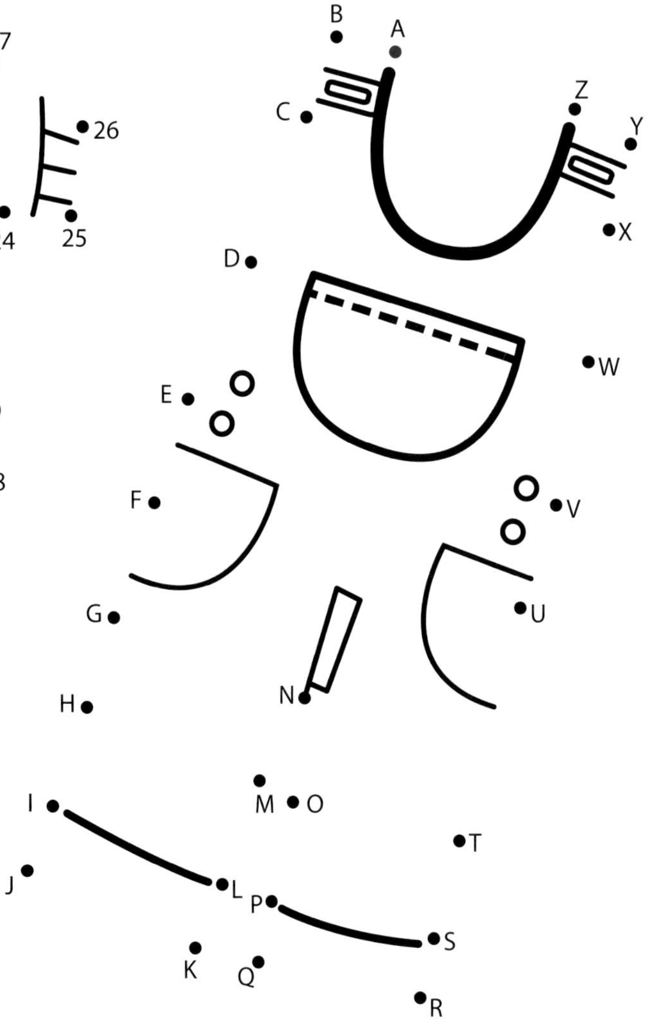

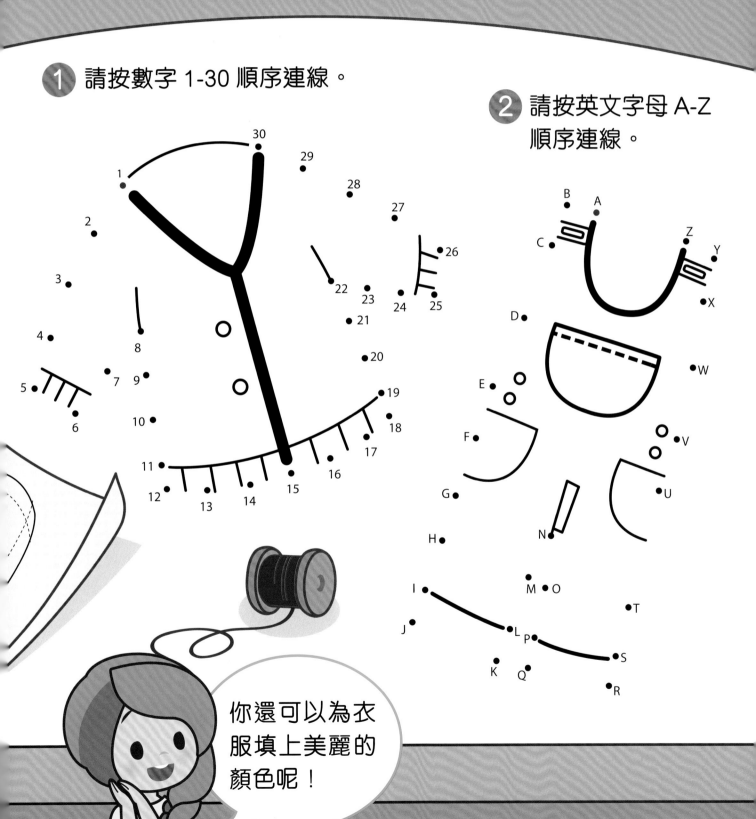

裝飾裙子

做得好！

　　時裝設計師想把下面這條裙子裝飾得更美麗。小朋友，請你發揮創意，把裝飾貼紙貼在裙子上吧！

設計帽子

小朋友，你能幫助時裝設計師為下面兩位模特兒設計帽子嗎？請在他們的頭上畫出美麗的帽子吧！

時裝店

時裝設計師到時裝店巡視業務。請從貼紙頁中選出貼紙貼在下面適當位置。

CASHIER

穿衣要合時

下面這幾位顧客有不同的需要，他們應該選購哪些衣服鞋子呢？請把代表答案的英文字母圈起來吧。

1.

天氣很寒冷啊！

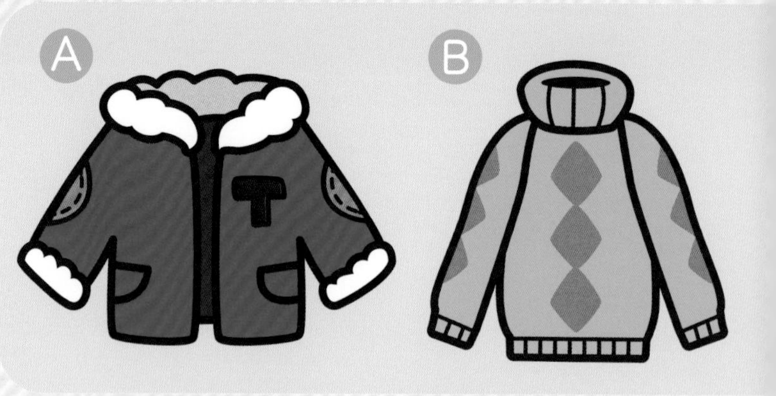

2.

我準備去郊外遠足。

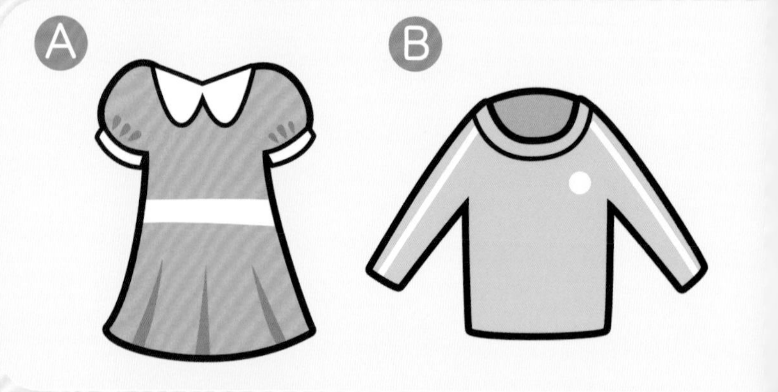

3.

我要參加重要的晚宴。

C
D
E
F

我們要因應不同
場合和環境，選
擇合適的服裝。

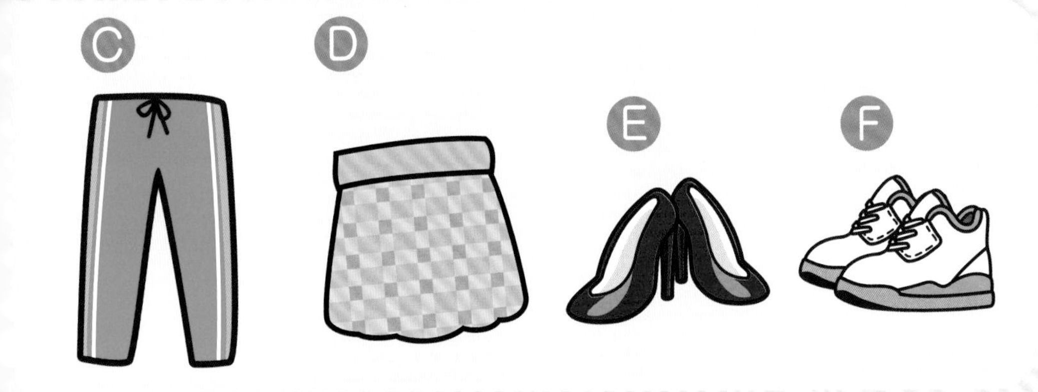
C
D
E
F

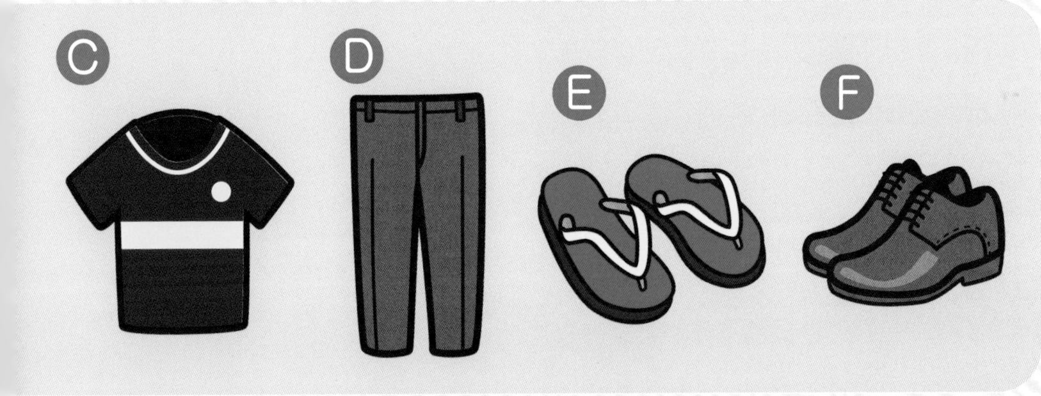
C
D
E
F

髮型師上班了

髮型師準備在理髮店開始一天的工作。請從貼紙頁中選出貼紙貼在下面適當位置。

做得好！

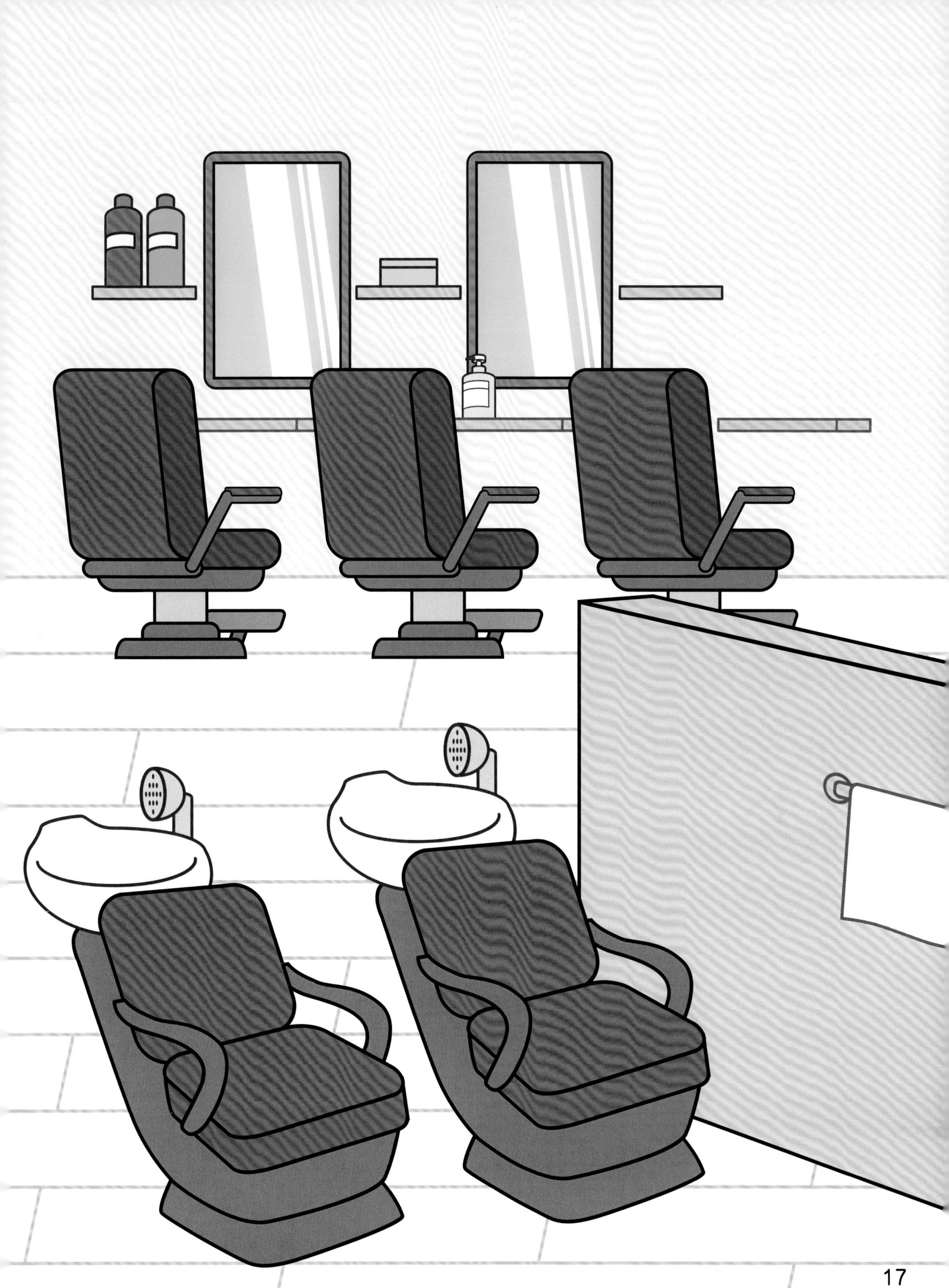

剪髮的工具

小朋友，請依據剪髮的流程，為髮型師貼上相應的工具貼紙。

做得好！

1.

2.

3.

4.

染頭髮

小朋友，請根據客人的要求，為客人的頭髮填上正確的顏色。

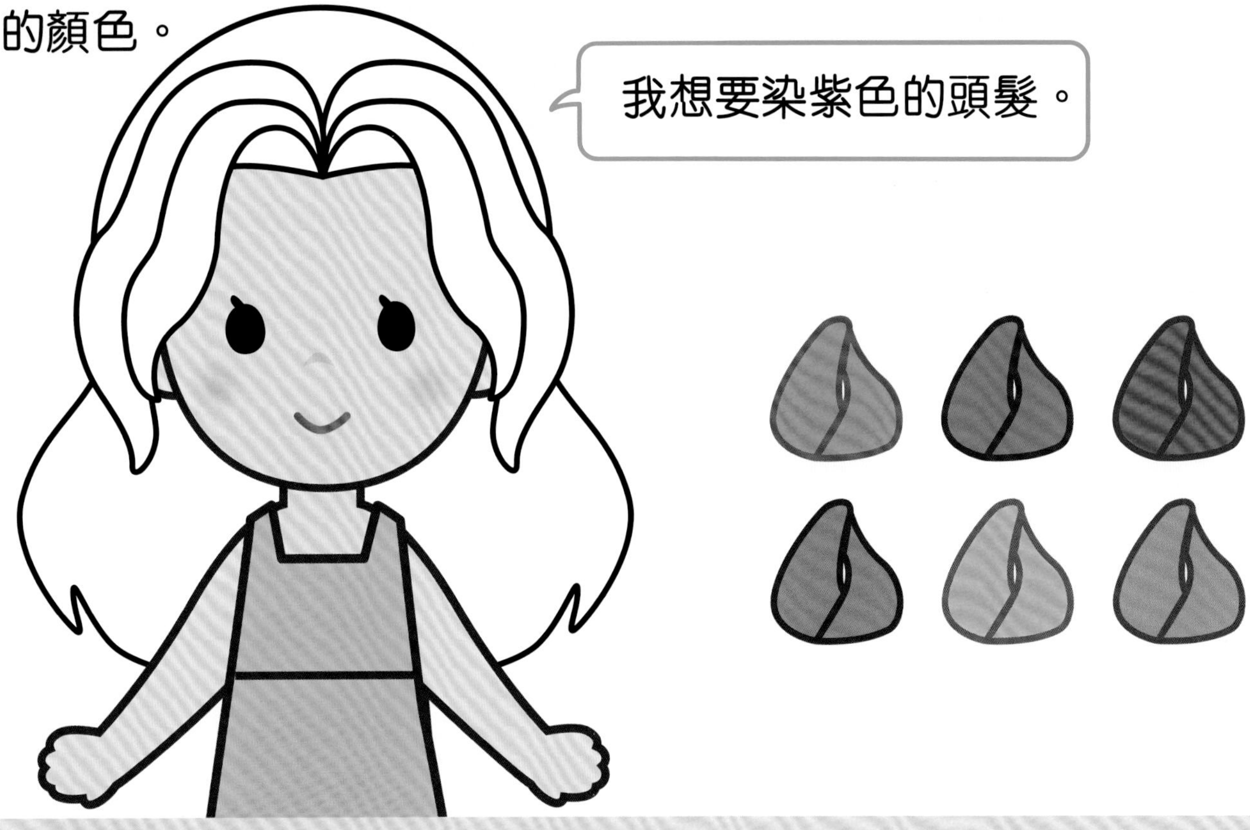

燙卷髮

下方的兩位客人已經燙好了卷髮，他們分別用的是哪種髮捲呢？請你把對應的髮捲貼紙貼在正確的位置。

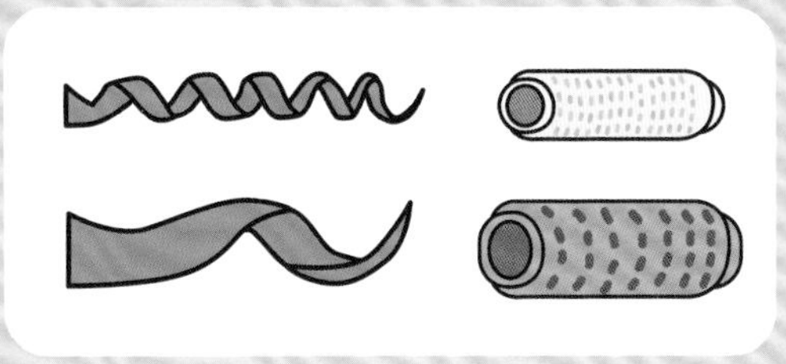

1.

2.

時裝表演的後台

時裝表演要開始了！時裝設計師在為模特兒搭配衣服，髮型師在為模特兒整理髮型，請你將一些工具、衣服和飾物等貼紙，貼在對應的位置。

參考答案

P.6
1, 3, 4, 5, 7

P.7
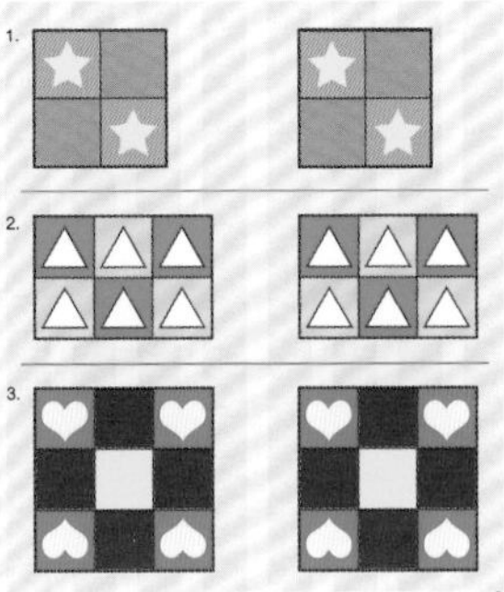

P.8
1. 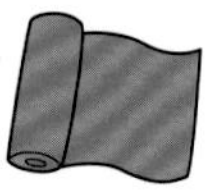 2.  3. 

P.9
1. 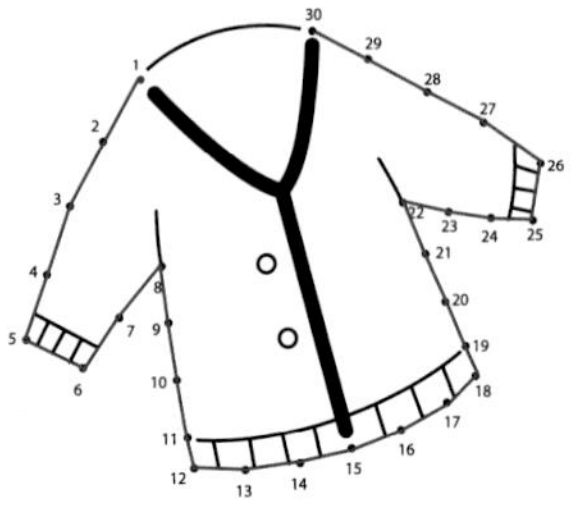

2. 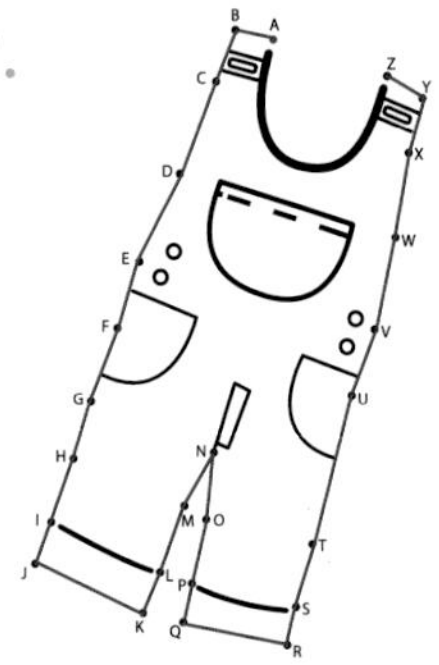

P.14 - P.15
1. A, B, C, E 2. B, C, F
3. A, B, D, F

P.18

P.19

1. 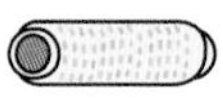 2. 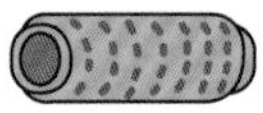

Certificate

恭喜你！

________________（姓名）完成了

小小夢想家貼紙遊戲書：

時裝設計師

和

髮型師

如果你長大以後也想當時裝設計師或髮型師，
就要繼續努力學習啊！

祝你夢想成真！

家長簽署：________________________

頒發日期：________________________